AF224129

NOTICE

HISTORIQUE

SUR

Guillaume Granié,

MORT DANS LES PRISONS DE TOULOUSE, A LA SUITE D'UNE ABSTINENCE PROLONGÉE PENDANT 63 JOURS ;

Lue à la Société Royale de Médecine de Toulouse, dans sa séance du 1er septembre 1831 ;

Par Desbarreaux-Bernard (Tibulle),

DOCTEUR EN MÉDECINE, MEMBRE DE LA SOCIÉTÉ DE MÉDECINE DE TOULOUSE, ANCIEN INTERNE DES HÔPITAUX DE PARIS, etc.

TOULOUSE,

Des Presses d'Aug. Henault,

RUE SAINT-ROME, N° 7.

1831.

Avant-Propos.

L'histoire morale des grands criminels a été de tout temps l'objet de la curiosité publique : avides d'émotions fortes, les hommes courent au-devant d'elles, et, poussés par un penchant irrésistible, ils aiment à se repaître du triste spectacle qu'enfante la perversité humaine. Mais, hâtons-nous de le dire, l'homme instruit, l'homme probe, le philosophe, en un mot, ne partage pas ce funeste entraînement, il s'en afflige, le déplore, et donnant à sa curiosité une direction scientifique il tâche, par ses travaux et ses recherches, de remonter à la cause de ces bouleversemens intellectuels, afin d'en garantir ses semblables, ou du moins afin d'en diminuer le nombre et l'intensité.

C'est en se livrant à cette étude, c'est en analysant, en quelque sorte, les crimes qui viennent trop fréquemment hélas! torturer nos sensations, que les légistes et les philantrhopes modernes sont parvenus à inspirer aux peuples cette horreur généreuse qu'inspire la vue du sang versé même au nom des lois.

C'est donc dans le but de provoquer des développemens utiles à la science, que je publie avec détail cette Notice Historique.

Les physiologistes, les psychologistes, les légistes même pourront y trouver des matériaux propres à éclaircir un grand nombre de questions importantes. Je les livre à leurs méditations.

Si je suis entré dans quelques détails sur la vie de Granié, on me les pardonnera, je l'espère, en faveur de l'intérêt que présente l'histoire de cet homme vraiment extraordinaire qui nous a offert le seul exemple connu d'un suicide volontaire par abstinence et exempt de toute affection mentale.

Qu'il me soit permis, avant d'entrer en matière, de remercier M. Cadenat, médecin des prisons, qui a bien voulu me communiquer les notes qu'il a recueillies pendant le séjour de Granié à Toulouse.

Je dois aussi des remercîmens à M. Rouch, maire de Gailhac-Toulza, pour les renseignemens qu'il m'a transmis sur les antécédens de Granié, et que je n'ai fait en quelque sorte que transcrire.

Je ne pense pas que personne puisse révoquer en doute la véracité des faits que contient cette Notice. Ils sont trop patens et trop connus pour en suspecter l'exactitude. Ils ont eu pour témoins la plupart des médecins de Toulouse qui, à différentes reprises, ont été visiter Granié dans sa prison. L'autopsie a eu lieu en présence des membres de la Société et de l'Ecole de Médecine de la même ville, qui, tous, j'en suis certain, se rendraient solidaires de la vérité des faits que j'avance.

NOTICE HISTORIQUE.

SUR

Guillaume Granié,

> Il reste aux plus grands scélérats toujours,
> quelque étincelle de vertu.
>
> SHAFTESBURY.
>
> Nullæ sunt inimicitiæ, nisi amoris, acerbæ.
>
> PROP.

GUILLAUME GRANIÉ, âgé de trente ans, d'une taille peu élevée, ayant les cheveux et les sourcils châtain foncé, les yeux gris, le nez petit et effilé, la bouche moyenne, était propriétaire-cultivateur de la métairie de Berjaud, dans la commune de Gailhac-Toulza, département de la Haute-Garonne.

A l'âge de six ans, il perdit son père, dont le caractère doux et honnête contrastait singulièrement avec l'humeur acariâtre de sa mère, qui mourut huit ans après son époux. Granié, devenu orphelin, fut confié aux soins d'un oncle, remarquable par son humeur et son caractère en tout semblable à celui de la mère de son pupille.

Les traits principaux du caractère de Granié méritent de fixer l'attention. Brutal à l'excès, et doué d'une force physique qui n'était point en rapport avec sa constitution, il était d'une insensibilité telle que la plus grande des calamités n'aurait pu l'émouvoir. Malgré sa force prodigieuse, il était poltron, et savait dans les disputes reculer, si la partie lui paraissait devoir tourner à son désavantage.

Ces défauts étaient balancés par des qualités peu communes dans la classe où le sort l'avait placé. Honnête, généreux envers ses amis, reconnaissant des services qu'on lui rendait, libéral sans être prodigue, de mœurs irréprochables ; tels étaient les avantages moraux qui rachetaient les imperfections que j'ai mentionnées, surtout cette insensibilité qui s'accorde mal avec la reconnaissance et qui n'était peut-être, chez lui, que de la force d'âme, vertu dont il nous a donné une preuve si extraordinaire.

Sa conduite était en harmonie parfaite avec son caractère. Un fait que je ne dois pas passer sous silence, c'est qu'il négligeait beaucoup les devoirs de la religion catholique dans les principes de laquelle il avait été élevé.

Il se maria à l'âge de 19 ans avec une femme qui n'en avait que 15. Le mariage fut précipité par la raison que, depuis huit mois, la passion de Granié avait produit ses effets. Pendant les six premières années rien ne vint troubler l'union des deux époux ; mais au bout de ce temps la jalousie s'empara de l'esprit du mari, et l'opinion publique proclamait que cette jalousie n'était pas sans quelque fondement. Dès cet instant la discorde pénétra dans le sein du ménage ; des disputes, des menaces réitérées de la part de l'époux s'ensuivirent ; la femme Granié déserta plusieurs fois la maison, contrainte à ces démarches par la brutalité de son mari ; celui-ci, poussé par le désespoir, abandonna aussi, pendant quelque temps, sa demeure et s'enfuit dans les bois. Rentré dans ses foyers, il faisait appeler sa femme, l'engageait à se réunir à lui et lui promettait de ne plus la maltraiter. Au bout de quelque temps il oubliait ses promesses, et sa passion, en reprenant son empire, l'entraînait à des excès qu'il ne tardait pas à se reprocher. Tel est le tableau qui, pendant deux ans, attrista les voisins et les amis de Granié.

. Un mois avant l'événement funeste qui vint assouvir sa rage, sa femme fut contrainte d'abandonner encore son ménage. Granié, qui l'avait menacée d'en venir à quel-

que extrémité, s'enferma alors chez lui avec ses enfans
auxquels il prodigua les plus tendres soins. Les voisins,
effrayés sur leur sort, firent avertir l'autorité du lieu, qui,
s'étant transportée sous les fenêtres de la maison, somma
Granié d'en ouvrir la porte ; mais celui-ci refusa d'obtem-
pérer à cet ordre; il répondit que nul n'avait le droit
de pénétrer chez lui ; que ses enfans se portaient bien et
désiraient rester avec leur père ; il les montra l'un
après l'autre en les plaçant à la fenêtre, et dit au maire
que s'il fût venu seul il lui aurait ouvert et l'aurait
même invité à déjeûner : cette scène extraordinaire se
renouvela deux fois.

Enfin, la femme Granié, cédant aux nouvelles instan-
ces de son mari et aux prières de ses voisines, rentra,
pour la dernière fois, dans cette maison qui devint peu
de jours après le théâtre de son supplice.

Le 5 avril, au lever du soleil, plusieurs témoins en-
tendirent les époux Granié qui se disputaient. *La dispute
était relative à ce que le mari voulait jouir de sa femme
et que cette dernière s'y refusait.* L'interrogatoire de Granié
lui-même confirme le dire des témoins. « *Le 5 au matin,
dit-il, elle refusa que je la connusse charnellement, en
me disant qu'elle me ferait égorger ou qu'elle m'égorge-
rait elle-même avant que d'y consentir.* »

A midi les mêmes témoins, attirés par le bruit et par
des cris qui cessèrent bientôt, s'approchèrent de la maison ;
la porte était fermée et l'on refusa de l'ouvrir. Bientôt
après ils virent Granié s'avancer vers la fenêtre, les bras
nuds et ensanglantés, et tenant à la main la tête de sa
femme qu'il leur montra et qu'il plaça dans un sac, en leur
disant *qu'ils arrivaient trop tard, qu'il avait tué sa femme
et qu'il en était bien content,* ajoutant *que l'on pouvait
aller à Gaillac pour le déclarer à la justice.*

S'étant barricadé dans sa demeure, l'on fut obligé d'entrer par le couvert de la maison ; après quelques menaces et quelque résistance on se saisit de lui ; il fut con-
duit à Gaillac-Toulza et le lendemain transféré dans la

maison d'arrêt de Muret. C'est là qu'il subit son interrogatoire dans lequel il avoua son crime et les circonstances qui l'accompagnèrent. L'on me permettra de passer sous silence ces sanglantes atrocités; il suffit de savoir qu'après avoir renversé sa femme d'un coup de bûche, il lui coupa la tête avec une serpette, à l'union de la 4me vertèbre cervicale avec la cinquième.

Peu de jours après avoir subi son interrogatoire il commit un second meurtre; on l'avait enfermé dans une salle où se trouvaient détenus deux vagabonds; l'un deux, Mespoulet dit *Yaya*, connu à Toulouse par son imbécillité remarquable, fut la seconde victime de la rage de Granié.

Couché sur de la paille, l'un à coté de l'autre, il paraît que Mespoulet voulut s'amuser à plaisanter Granié sur le sort qui l'attendait et fut même, à ce que raconta ce dernier, jusqu'à lui serrer le col. Ce fut alors qu'irrité par ce geste et voulant se débarrasser des importunités de Yaya, ce fut alors, dis-je, qu'il se saisit du couvercle d'un baquet à immondices, qu'il avait placé sous la paille en guise de traversin, et qu'il en asséna un coup terrible sur la tête de Mespoulet.

Interrogé sur ce nouveau crime, il déclara qu'il n'avait pas eu l'intention de tuer le pauvre Mespoulet. Cependant sa colère était telle, après cet événement, que lorsque l'on se présenta à la porte pour se saisir de lui, il manifesta l'intention de se défendre, en disant, que fussent-ils cent, il les défiait tous. L'on s'empara de sa personne et l'on prit la précaution, trop tardive, de lui mettre les fers aux pieds et aux mains. Lorsque le juge d'instruction vint à la prison pour l'interroger et lui reprocher son nouveau crime, il prit avec ce magistrat un ton ironique qui contrastait d'une manière frappante avec les idées qu'il devait avoir sur son avenir. Le maire de Muret était présent à cette scène; dès que Granié le vit il lui dit dans son patois : *M. le maire on dit que vous allez nommer un maître d'école à Gaillac-Toulza, vous devriez me faire avoir cette place.* Notez que le malheureux savait à peine signer son nom.

C'est à cette époque, c'est-à-dire du 5 au 15 avril, jour où il fut transporté à Toulouse, qu'il commença à manifester le désir de se laisser mourir de faim.

Dès l'instant de son arrivée en cette ville il refusa obstinément tout aliment solide ou liquide, et ne répondit point aux questions qu'on lui adressa, si ce n'est de loin en loin, par quelques signes de tête.

Voyant qu'il persistait dans son refus de prendre des alimens, on employa alors, mais en vain, les moyens usités en pareil cas. On essaya a l'aide de sondes de faire pénétrer des liquides nutritifs dans l'estomac; mais les efforts et les mouvemens auxquels se livrait Granié firent bientôt rejeter comme inutile ces moyens qui pouvaient devenir dangereux à employer. Ces tentatives provoquèrent la colère de Granié qui se livra à des propos scandaleux et à des menaces terribles.

L'urine qu'il rendit exhalait dès les premiers jours une odeur fétide et excitait dans l'urètre un sentiment d'ardeur.

Le 25 avril il but de son urine. A cette époque l'amaigrissement commença à se faire remarquer. L'haleine devint fétide, et les urines furent plus abondantes et hautes en couleur; les pulsations de la radiale se faisaient à peine sentir.

Jusqu'au 28 il n'y eut point de changement dans son état; ce jour-là il se promena une heure dans la cour et but un peu d'eau. On lui ôta les menottes pour le changer de linge, mais on eut toute la peine du monde à les lui remettre.

Il est à peine nécessaire de mentionner que chaque jour on l'invitait par des promesses et par tous les raisonnemens possibles à prendre de la nourriture; on lui promettait sa liberté, on lui disait qu'on allait le ramener chez lui, qu'on ne lui ferait aucun mal; on lui parlait de ses enfans, tout était inutile; on n'obtenait au-

cune réponse, pas même un signe de tête ; couché sur
sa paillasse, tantôt sur un côté, tantôt sur l'autre, les
genoux pliés et comme pélotonné, il passait dans cette
position les heures entières.

Le 29 il éprouva quelques tremblemens dans tout le
corps ; il but un peu d'eau.

Le 30, dans un effort qu'il fit pour se débarrasser
des menottes, il brisa le cadenas et força les tiges de
l'instrument. Dans la nuit il but deux verres d'eau.

Le 1er mai il parla ; mais il fut difficile de comprendre ce qu'il disait ; il manifestait la ferme volonté de vouloir mourir en prison.

Le 2, il se vautra dans le ruisseau de la cour ; on lui
présenta des alimens, son obstination fut la même.

Le 3, au matin, il but de l'eau, jeta le bouillon et
la soupe qu'on lui présentait ; il urina sur son matelas.
A midi, il but encore de l'eau, se promena dans la cour
et monta à l'infirmerie avec l'épouse du gardien. Vers
minuit, il prit deux cuillerées de bouillon et rendit quelques excrémens carbonisés.

Le 5, dans la matinée, il sortit de son cachot, en
chemise, et se dirigea vers le puits ; il saisit le seau qui
était à terre et rempli d'eau, le plaça sur le bord du puits
et ne cessa de boire que lorsque l'eau sortit par regorgement de la bouche et des narines ; ramené dans son cachot il se coucha. On avait placé auprès de son lit un
morceau de pain que l'on voulut retirer pour lui en donner de plus frais, mais il entra alors dans un accès de
colère que l'on ne put calmer qu'en lui rendant son morceau de pain dur, qu'il plaça à côté de sa figure. Vers
minuit, il but un peu de bouillon et quelques gouttes de
vin ; il s'efforça, mais en vain, de manger un peu de mie
de pain.

Le 7, il but de son urine, prit sa soupe comme les
autres détenus, en mit dans sa bouche le quart d'une
cuillerée, mais on ne s'aperçut pas s'il l'avait avalée.
L'après-midi, il fit observer que, *s'il n'en avait pas*

mangé, c'est qu'elle contenait du poison ; il ajouta : que, s'il mangeait, on lui couperait le col, et qu'il préférait mourir de faim. (1)

Jusqu'au 25, il y eut peu de changement dans son état ; la maigreur faisait des progrès rapides, son corps exhalait une odeur fétide, *sui generis.* La face, à cette époque, était abattue, ses traits avaient quelque chose de sauvage ; les pommettes étaient colorées et un peu violacées ; les yeux, constamment fermés, étaient brillans, mais caves : il demeurait presque toujours couché et pelotonné sur lui-même, ainsi que je l'ai déjà dit. De temps en temps il s'agitait, se frappait, s'égratignait même, et ne répondait jamais aux questions qu'on lui adressait. Cependant dans la matinée de ce jour il parla beaucoup ; se plaignit qu'on l'obsédait, que l'on ne venait le voir que par dérision ; il proféra quelques injures ; et sur l'offre que l'on lui fit d'alimens succulens, il refusa en répétant, comme à l'ordinaire, qu'il ne voulait point qu'on lui coupât le col et qu'il voulait mourir en prison. A cette époque le pouls battait 53 fois par minute.

Du 25 mai au 8 juin les symptômes varièrent peu : il buvait souvent de l'eau et quelque fois même en quantité. Le 28 mai, il en but environ huit verres de suite, en disant qu'il en avait bu pour quinze jours et qu'il en aurait bu davantage s'il avait voulu ; il ajouta, qu'il mangerait même s'il le voulait. Il se plaignit au docteur d'un feu qu'il ressentait dans la région épigastrique et qu'il calmait en buvant un peu d'eau. Il buvait souvent de son urine, manifestait de la colère et brisait les objets qui se trouvaient à sa portée. De temps en temps il se promenait dans la cour, emportait avec lui ses draps, se plaçait au soleil et toujours taciturne, il ne proférait que quelques mots d'injure ou la phrase ordinaire qui expri-

____

(1) Dans l'ignorance où il était de nos lois, il était persuadé que s'il mourait sur l'échafaud ses biens seraient confisqués et que ses enfans se trouveraient dans la misère.

mait l'idée fixe qui le dominait : *Je ne veux point qu'on me coupe le col; je veux mourir en prison.* Les battemens du pouls ne donnèrent, le 30, que 37 pulsations; la température de son corps à cette époque ne s'élevait qu'à 19° Réaumur.

Il rendait, de loin en loin, quelques excrémens carbonisés, et éprouvait quelquefois des douleurs dans le ventre et des tremblemens convulsifs après avoir bu.

Le 8 juin, le pouls s'éleva dans la matinée à 108 pulsations; dans l'après-midi, leur nombre descendit à 89.

Le 9, il commença à pousser des cris plaintifs; la sensibilité avait considérablement diminué; la déglutition devint difficile, les liquides furent rejetés par les narines et mêlés à des matières purulentes. La maigreur était extrême; on sentait à travers les parois abdominales, accolées à la colonne vertébrale, les battemens de l'aorte. Il demanda de l'eau et ne proféra pas d'autres paroles : il refusa les secours de la religion et se répandit en invectives contre l'ecclésiastique qui lui offrait ses consolations.

Depuis cette époque jusqu'au 17 au matin, jour de sa mort, aucun symptôme remarquable ne se manifesta. Il rendit, par le vomissement, quelques gorgées de bile verte. La déglutition devint impossible; il y eut un peu de hoquet, mais ce symptôme ne persista pas. Interrogé sur ses souffrances, il répondit qu'il n'en éprouvait aucune. Des escares gangreneuses et des ulcérations s'étaient manifestées dans les endroits sur lesquels le décubitus avait lieu. Dès le 14 juin le pouls était insensible.

Les surfaces ulcérées ne tardèrent pas à se dessécher; et malgré l'état effrayant dans lequel ses souffrances l'avaient plongé, ce n'est que le dernier jour qu'il déclara éprouver des douleurs dans tout le corps, et qu'il se plaignit d'un sentiment de froid. Quelques convulsions vinrent mettre un terme à cette longue agonie.

Autopsie,

Trente heures après la mort, par 25 degrés de chaleur.

Habitude extérieure du corps. Marasme complet, saillie considérable des pommettes et des arcades zygomatiques ; yeux très-caves, nez effilé, cheveux rares, ainsi que les poils de la barbe ; les deux incisives moyennes supérieures très-larges ; taille cinq pieds un pouce ; pesanteur, 26 kilogrammes.

Téte. Développement très-marqué des parties postérieures du crâne relativement à l'affaissement des parties antérieures. Saillies très-prononcées au-dessus et à la partie postérieure des conduits auditifs externes ; épaisseur remarquable de tous les os du crâne ; état normal de la dure mère ; adhérence ancienne de deux pouces d'étendue, entre cette membrane et le cerveau à la partie postérieure et supérieure des hémisphères du cerveau, le long du sinus longitudinal supérieur.

Arachnoïde cérébrale transparente, mais plus résistante que de coutume, très-légèrement lubrifiée.

Les membranes enlevés, le cerveau paraît moins coloré qu'à l'ordinaire ; pas de sérosité dans les ventricules ; la substance corticale est d'une densité ordinaire ; la substance blanche, examinée dans les différens points de l'encéphale, offre une densité et une consistance vraiment remarquable ; elle est ferme et élastique, surtout vers la base du crâne.

Cervelet petit relativement à la masse du cerveau ; sa substance est ferme et présente la même densité que le cerveau ; cet état d'endurcissement se propage à la moëlle allongée, dont les cordons se séparent avec la plus grande facilité.

Thorax. Cœur décoloré de volume ordinaire, flasque, ramolli, se déchirant aisément. Poumon droit crépitant, de couleur naturelle. On observe à la partie inférieure du bord postérieur un légerengorgement pneumonique.Poumon gauche non crépitant, un peu affaissé. Premières divisions bronchiques, parsemées de plaques rouges ; les dernières ramifications sont plus rouges et présentent quelques points œdémateux.

Abdomen : voies digestives. Œsophage retréci, très-mince, muqueuse résistante. Estomac de capacité ordinaire, contenant un verre environ de liquide verdâtre ; membrane muqueuse très-résistante, très-adhérente dans le grand cul de sac ; on ne peut en enlever que des lambeaux fort petits ; elle est plus ramollie et plus mince du côté du pylore, cette ouverture n'offre rien de remarquable. Intestin grêle légèrement retréci, d'une couleur brune peu marquée ; l'extrêmité inférieure de l'iléon présente seule une teinte d'un rouge brun très-prononcé. L'épaisseur des parois intestinales est sensiblement amincie. La muqueuse dans la partie supérieure de l'intestin est colorée en jaune et parfaitement saine. Dans la partie inférieure, elle est rouge, ramollie et fort injectée. Valvules conniventes très-apparentes. Il existe à la fin de l'intestin grêle un diverticulum de trois pouces de longeur. Gros intestin de volume naturel, légèrement dilaté, vide dans sa portion descendante et transversale, rempli dans le reste de son étendue par des matières fécales endurcies. La direction du colon transverse est oblique de droite à gauche, et de haut en bas ; la membrane muqueuse est saine, excepté dans le colon transverse où elle est ramollie.

Epiploons réduits à la séreuse traversée par les vaisseaux sanguins. Mesentère sans tissu adipeux, contenant quelques ganglions engorgés.

Appareil biliaire. Foie de volume ordinaire, d'une couleur rouge brique, bien granulé ; sa densité est plus forte que dans l'état naturel. Vesicule leiliaire très-distendue par une bile noire, épaisse, contenant des granulations.

sensibles au toucher. Cette bile peut être comparée à une forte solution d'extrait de réglisse.

Rate très-petite, presque ronde, d'environ deux pouces de diamètre; d'un tissu sain, mais très-dense et très-résistant.

Appareil urinaire. Reins peu développés, sains, d'un tissu rouge, résistant et très-serré. Vessie saine, dilatée, contenant un verre d'urine fortement coloré en rouge. La muqueuse est d'un blanc éclatant.

Annihilation du système musculaire; les muscles quoique réduits à un amincissement extrême sont d'une couleur rouge très-marquée.

Le fémur scié, on aperçoit le canal médulaire rempli par la moëlle qui est dans l'état normal : c'est la seule partie du corps où l'on rencontre le tissu adipeux.

Les réflexions que présentent à l'esprit l'observation que vous venez d'entendre sont tellement nombreuses que je n'essayerai pas d'en entreprendre le développement; il faudrait pour les traiter avec fruit des forces intellectuelles trop supérieures aux miennes pour que je me permette de les aborder. Cependant je fixerai votre attention sur quelques-uns des points les plus remarquables que renferme ce fait étonnant. La première idée qui vous frappe, vous étonne dans l'histoire de Granié, c'est cette force d'âme qui l'a rendu capable de surmonter jusqu'au dernier moment le supplice de la faim, et surtout cette soif dévorante qu'il appaisait de loin en loin, à l'aide de quelques gouttes d'eau, craignant, s'il en buvait trop, d'entretenir chez lui une existence qu'il savait dévouée au dernier supplice. Si quelquefois entraîné, malgré sa volonté, par l'ardeur qui le dévorait, il buvait à longs traits le liquide qu'il trouvait sous sa main, et qu'il savourait peut-être (car on ne peut nier que les sensations qu'il éprouvait en se désaltérant devaient être des plus déli- cieuses); si quelquefois, dis-je, il buvait abondamment, il se le reprochait bientôt : *J'en boirais davantage*, disait- il, *mais je ne le veux pas.* Plus on réfléchit sur les souffrances qu'il a dû éprouver, et plus l'on est forcé d'admirer l'étendue de son énergique volonté. Donnez pour cause de développement à cette faculté morale une vertu quelle qu'elle soit, elle enfantera l'héroïsme. C'est je crois dans ce sens qu'il faut expliquer l'idée de Diderot, quand il disait : « Qu'il aimait les grands crimes » ; et, en effet, ils prouvent les grandes vertus.

Plusieurs auteurs prétendent que le suicide est un acte de folie, lors même qu'il est le funeste résultat des pas- sions ; je ne le pense pas, et l'observation de Granié vient je crois confirmer ma manière de voir, qui n'est au reste que celle émise par M. Orfila, dans ses leçons de méde- cine légale : *Le suicide fondé sur des motifs réels*, dit-il, *tels qu'un revers subit de fortune, la perte d'un objet aimé, une situation déshonorante ; en un mot, le suicide qui est le résultat des passions, n'est pas plus un acte d'aliéna- tion mentale que les crimes qu'elles font naître*, à moins de regarder nos passions comme des folies plus ou moins longues ; mais alors ce ne serait plus qu'une dispute de mots, et l'on pourrait s'entendre facilement. D'ailleurs, sur quelles circonstances se fonderait-on pour ne voir dans Granié qu'un maniaque ; sur son crime ? Mais est-ce donc le premier de ce genre qu'ait provoqué la jalousie. Serait-ce sur les circonstances qui l'ont accompagné ? Mais la fureur de la jalousie a ses degrés comme toutes les passions hu- maines : et de plus, n'est-elle pas modifiée par l'éducation, par le tempérament, par les habitudes, les mœurs de l'homme qui est en proie à ce délire. Un homme du monde aurait plongé son épée dans le sein de son épouse, ou lui aurait brûlé la cervelle ; mais ces armes étaient inconnues à Granié, une bûche les remplaça, et voyant sa victime respirer encore, il lui trancha la tête avec sa serpette.

instrument qui lui était familier et qu'il portait toujours sur lui. Se fondera-t-on sur le second crime qu'il commit à Muret ? Mais je ferai observer qu'il n'avait que l'intention de se débarrasser des importunités de Mespoulet ; ce qui le prouve, c'est qu'il était couché lorsqu'il le frappa, et peut-être même au hasard ; car il était à peine quatre heures du matin lorsque la rixe eut lieu. La force remarquable de Granié rend raison de la violence du coup et de l'effet qu'il produisit (*) : en outre, les idées effrayantes qu'il devait avoir sur le sort qui l'attendait ont pu contribuer à entretenir chez lui une excitation que la plus légère cause est venue accroître. Je ne parlerai pas de la conduite de Granié depuis le moment où il forma le projet de se laisser mourir de faim jusqu'à celui de sa mort ; tous ses actes, toutes ses paroles, sont évidemment en faveur de l'opinion que je soutiens. Mais, dira-t-on, l'autopsie est venu nous offrir, sinon une altération du moins un état particulier du cerveau, une dureté, une ténacité d'autant plus extraordinaires que la température embiante au corps (25°) le rend encore plus remarquable. Cet état, peut-être pathologique, n'indiquerait-il pas, ne rendrait-il pas raison des phénomènes moraux qui ont accompagné l'existence de Granié, depuis le moment du crime jusqu'à sa mort ? A cela je répondrai que je n'en sais rien ; et qu'il faudrait avoir des antécédens pathologiques qui pussent établir des points de comparaison, et malheureusement je n'en connais pas. D'ailleurs est-il prouvé que les maniaques aient toujours le cerveau dur ? J'ai assisté à plusieurs autopsies de ce genre, et je n'ai jamais observé rien de général à cet égard. J'ai bien vu des endurcissemens du cerveau, mais cet état coïncidait

---

(*) A l'autopsie du corps de Mespoulet, on trouva le temporal enfoncé sans lésion du cerveau ; l'artère temporale fut ouverte et l'hémorrhagie qui s'ensuivit fut des plus considérables.

presque toujours avec une lésion organique patente. De plus, n'arrive-t-il pas que l'on ouvre des aliénés dans le cerveau desquels on ne trouve rien ? Mais, fût-il prouvé que l'endurcissement du cerveau accompagne toujours l'aliénation mentale, je croirais que l'on ne pourrait rien inférer de cette proposition à l'égard de Granié ; car ne nous y trompons pas , le cadavre de ce malheureux ne ressemble en rien à ceux que nous ouvrons journellement, et sur lesquels nous basons les raisonnemens qui nous guident dans les voies de la science. Il faudrait, pour tirer parti de l'autopsie en question et en déduire des conséquences justes, pouvoir comparer, pouvoir trouver des faits analogues à celui qui nous occupe ; et, je le répéte, je n'en connais pas. Au reste, le cerveau n'était pas le seul organe qui se trouvât endurci, le foie, la rate, les reins l'étaient aussi ; et sans doute la même cause a produit dans tous ces organes les mêmes effets ; quelle est-elle ? Je l'ignore et ne chercherai pas à l'expliquer.

La dernière remarque que je me permettrai porte sur l'état des voies digestives ; et, il faut l'avouer, toutes nos prévisions à ce sujet étaient bien loin de la réalité ; nous avions cru trouver l'estomac contracté, les intestins réduits à des filamens et leur cavité à peine sensible ; rien de tout cela ; l'estomac était de capacité ordinaire et à peu près sain ; les intestins étaient presque dans l'état normal et ne nous offrirent que quelques traces légères d'entérite, ce qui nous rend raison des douleurs abominables éprouvées pendant la vie, douleurs qui parurent en même temps que l'accelération des pouls.

La quantité d'eau que Granié a bu depuis le 15 avril jusqu'au 17 juin, c'est à dire en 63 jours , et que l'on peut approximativement évaluer à 5 ou 6 litres, a-t-elle contribué à prolonger son existence ? Cela est probable ; et il paraîtrait, d'après une observation consignée dans le 1er volume des Mémoires de l'Académie des sciences de Toulouse, que ce liquide seul peut soutenir pendant quelque temps les forces d'un individu sain. Vous me permettrez, Messieurs, de vous la rapporter, car je la crois peu connue, et cependant elle mérite de l'être; l'âge du sujet la rend encore plus intéressante.

Guillaume Gilabert, garçon assez robuste, âgé de 15 ans, et valet de métairie à Nailloux, dans le diocèse de Toulouse, tomba, le 2 avril 1745, aux approches de la nuit, dans un puits abandonné et profond de 27 pieds; quoiqu'il fût assez près du hameau ses cris ne furent point entendus; sa voix même s'enroua bientôt et s'éteignit presque entièrement. Après avoir tenté inutilement de grimper le long des murs il s'arrangea dans un enfoncement élevé de quelques pouces au-dessus de l'eau et y passa le reste de la nuit. Le lendemain il fit de nouveaux efforts pour crier, mais sa voix éteinte n'ayant pu se faire entendre, il passa dix-huit jours dans cette horrible situation, ne prenant que quelques gorgées d'eau; encore, après les premiers jours, ses bras ayant été réduits à un état de flexion insurmontable, il lui fut impossible de se procurer ce léger secours. Enfin, le dix-neuvième jour l'enrouement diminue, ses cris sont entendus, et il monte au moyen d'une échelle à main qu'on lui présente; mais à peine est-il parvenu au dernier échelon qu'il tombe en défaillance et y reste pendant demi heure, malgré tous les soins qu'on lui prodigue. Ayant recouvré l'usage de ses sens, il dit qu'il a faim et a la force de manger. On conçoit aisément qu'il devait être d'une maigreur extrême; les pieds et les jambes étaient enflés et livides, et les bras tellement fléchis et roides qu'on avait beaucoup de peine à les étendre. On le transporta le cinquième jour à l'hôpital du lieu, où il tomba bientôt dans un état d'imbécilité qui dura 4 mois et demi; il en guérit peu à peu, ainsi que de sa faiblesse et de l'enflure des jambes, et recouvra une santé parfaite.

D'après l'observation que vous venez d'entendre, et les réflexions succinctes dont je l'ai accompagnée, on pourrait je crois établir une troisième espèce de suicide par abstinence , suicide dont Granié nous a offert peut-être le seul exemple connu , et qui est le résultat d'une résolution vigoureuse provoquée par la crainte d'une mort infamante.